パンダのタンタン、また明日ね

二木繁美

はじめに

　神戸市立王子動物園のジャイアントパンダ・タンタンは、2000年にパートナーのコウコウとともに来園し、阪神・淡路大震災の復興の道半ばだった神戸の人々の心を癒やしてくれました。上品な所作から「神戸のお嬢様」と呼ばれ、2024年3月31日になくなるまで、多くのファンに愛され、いまでもみんなの心をつかんではなしません。

　タンタンの一生は波瀾万丈で、一緒に来園したパートナーが発育不全で帰国してしまったり、2頭の赤ちゃんができるも、死産と生まれて数日で亡くしてしまったり。そして2代目のパートナーも亡くし、新たなパートナーの来園を待つも、さまざまな事情からかなうことはありませんでした。

　本書は、書籍化もされたWEB連載「水曜日のお嬢様」の取材時やその合間に撮影した写真と、公開中止になってから、少しでもそのお姿を広めたいとXに投稿していた「#お嬢様の言葉」で構成されています。筆者が本格的にタンタンの取材をはじめた、2020年11月から晩年までの姿がいっぱいの一冊です。

　この写真集には、いつでもその瞬間を精いっぱい楽しんでおられた（と思います）、在りし日のお嬢様のお姿をたくさん詰め込みました。かわいらしいお姿にクスッと笑っていただければ幸いです。

タンタンプロフィール

日本名（愛称）… 旦旦（タンタン）
中国名…………… 爽爽（シュワンシュワン）
1995年9月16日　中国大熊猫研究中心（臥龍繁殖センター）生まれ
2000年7月16日に神戸市立王子動物園へ来園
分類：哺乳類　食肉目　クマ科
英名：Giant Panda
学名：Ailuropoda melanoleuca（アイルロポダ メラノレウカ）

🌿 日本名の由来

「旦旦（タンタン）」という名前（愛称）は、一般公募によって、約4600件の応募の中から名付けられました。漢字については募集の際、プロフィールに「ちょっと脚が短い」と書いたことから、「短短」と書いた応募も多かったそうですが、「外見だけが由来というのも……」という意見もあり、新しい世紀の幕開けを意味する「旦」の字を採用して、旦旦となりました。一緒に来た錦竹（チンズー）は、阪神・淡路大震災からの復興を願い「興興（コウコウ）」と名付けられました。

🌿 タンタンってどんなパンダ？

ちょっと控えめなおみ足のため、地面に腰を投げ出す"パンダ座り"ができず、ちょこんと座って食事をする様子から「神戸のお嬢様」と呼ばれています。健康管理のために行われていたブラッシングのためか毛艶がよく、日々お嬢様らしさに磨きがかかっていました。

とってもグルメで、気に入らない竹は口に入れてから吐き出すこともありました。竹以外にも季節の果物やパンダ団子を食べ、園内にある四方竹（シホウチク）や、飼育員さんが育てた根曲竹（ネマガリダケ）のタケノコも大好物でした。

そして、雨が嫌い。自分でぬれるのはいいけど、ぬらされるのはイヤなのです。飼育員さんの呼びかけを無視して夢中でご飯を食べているときも、雨が降るとあわてて室内へ帰ってきていたそうです。

意固地で気難しいと言われる性格は、中国にいた頃から変わらなかったようです。ただ、晩年は少し性格が穏やかになり「ガウッ！」という威嚇の回数が減ったと、飼育員の吉田さんが証言しています。

🌿 何を食べていたの？

竹、タケノコ、リンゴ、サトウキビ、ブドウ、ナシ、ニンジン、ペレット（猿用）、パンダ団子　など

【竹（神戸市北区 淡河町産）】

孟宗竹（モウソウチク）、淡竹（ハチク）、矢竹（ヤダケ）、女竹（メダケ）、根曲竹（ネマガリダケ）の5種類を食べていました。来園した頃は、主に孟宗竹（モウソウチク）と、唐竹（トウチク）の2種類だけを与えていましたが、グルメなタンタンの好みに合わせて、与える種類が増えていったようです。

③

新しい出会いって ワクワクするわね

気候の良い時期、
動物園の門を入ってパンダ館を目指すと、
外の運動場にあるやぐらの上で
くつろぐお嬢様のお姿。
「こんなに近くでパンダが見られるなんて」
感動モノの出会いが待っていました。

「いま」おいしい。
「いま」うれしい。
これ大事ね

クリスマスのごちそうをもらったお嬢様。
目の前に見えるものだけをまっすぐに見つめているのです。

いい竹を見つけたいなら、
見る目を磨きましょ

あなたにもピッタリくるものが
あるわよ、きっと

タイヤが大好きなお嬢様、
相棒のタイヤとは10年以上のお付き合い。
まるであつらえたようにシンデレラフィット、
上手に座っておられます。

目の前のステキなものに、
ちゃんと気づかなくちゃね！

おいしいもの、楽しいものには
すぐに気がついておられましたね。
するどい視線でタケノコをロックオン！

初めて会った日のこと、覚えているかしら

みなさんそれぞれにある、お嬢様との初対面時の思い出。
筆者の最初の印象は「パンダだ〜」でした。

勢いって大事だと思うのよ

いつもゆったりとしていたお嬢様ですが、
ジャイアントパンダは本気を出すと時速約 30 キロで走るそうです。

いろんな方向から考えること、大事だと思うのよ

お気に入りの寝台の上でまったり。

何かお考えなのかと思いきや、眠そうな表情ですね。

アタシの"好き"は、アタシが決めるの

同じ場所の竹でも、
気分が変われば食べたくない。
グルメでしっかりと自分の主張
をお持ちでしたね。

当たり前のものが、
すごく大切だって
気づいたの

体重計の上にちょこんと。
いつもここにおやつが置いてあるんですよね。

いまから
もう
明日が
楽しみなの

明日のお天気はどうでしょうか。
晴れて暑くなければお庭に出られるかもしれませんね。

待ち遠しいことが
あるのは、
いいことだわ

風が通る通風口は
バックヤードへの入り口にも近く、
ここでごはんを待っていることも
ありましたね。

一日の中に、ちょっとでも うれしい時間があるといいわね

至福のタケノコタイムを楽しむお嬢様。
やわらかくて食べやすいタケノコには食物繊維が豊富。
貴重なタンパク源でもありました。

眠る前に思うのよ、
今日も一日いい日だったわって

飛び出す瞬間が
一番ワクワクするの

落ち込んだあとは、上を向かなきゃね

お庭に出たときは鳥の声を聞いたり、風のニオイを嗅いだり、
時折空を仰ぎながらリラックスして過ごされていましたね。

モヤモヤしたときは、
好きな香りが一番効くわよ

新鮮な竹の香りは至福のアロマ。
香りで竹を選んで、気に入らなければ
口からペッと出していたこともありましたね。

何もしたくないときはね、
何もしない方がいいのよ

リラックス上手なお嬢様。
このときは春の草花に囲まれて、
のんびりとお過ごしでした。

考えすぎないことが
楽しく過ごす秘けつね

おなかが空いたらごはんをおねだり、
眠くなったら眠る。
あるがままに。
そんなお姿がステキなのです。

生きるって大変だけど楽しいの

あせってもいいことないわよ

いつでもマイペース。
それこそがジャイアントパンダ、そしてお嬢様。

よくばりって思うでしょ？
でも 2 本食べたい気分なの

よく両前あしにニンジン"二刀流"で、
体重計にもたれてお食事されていました。
1本ずつとるのが面倒くさかったんですよね。

自分のこと、大事にしてる？

人に気を遣ってばかりでなく、自分の心の声を聞く時間も取りたいものです。

心地いいっていう感覚を大事にしたいわ

今日も楽し、楽しい日

なんでも、地道に、ていねいに、
ひとつずつ……なのよ

待ってるだけじゃ何も変わらないからね

自ら行動するのは大切。

お嬢様もお庭をパトロールしたり、

モート（堀）に下りたりして、お宝を見つけておられましたね。

おしりに竹の葉……付いていますよ。

ちょっとだけ前を向いたら、
いいことあるかもよ

お耳をピーンと立てて、周囲の音を聞いています。
バックヤードでおやつが用意されているのかもしれませんね。

目に見えなくてもね、
愛はそこにあるのよ

グルメなお嬢様のために植えた竹、
抜け毛のためのブラッシング、前あしにはクリーム。
飼育員さんたちの愛情をたっぷり受けて
毎日をお過ごしでしたね。

思い出し笑い。
楽しい毎日を送りたいわね

とりあえず
やってみましょうよ。
やる気なんて、
後からついてくるん
だから

ガマンのさじ加減って
むずかしいわね。
しなくても、
しすぎてもダメなのよ

ガマンの加減を学んだら、
少しは人生も楽になるでしょうか。

ほどほどにお手入れして。
自分を大切にね

ブラッシングが大好きだったお嬢様。

お手入れのおかげで毛もツヤツヤでしたね。

だいたいのことは、
　寝たら何とかなるから

とりあえず
ニコッてしてみて。
自分で自分に元気をあげるの

いつでも笑顔のように見えるお嬢様。
ご機嫌を読み間違うと「ガウッ!」と
怒られてしまうんですよね。

あきらめない。それがアタシなのよ

早く入れてと言わんばかりに、壁に向かって"圧"をかけます。
中で飼育員さんのたてる音が聞こえていたのでしょうか。

おいしいものさえあれば、
大抵のことは乗り越えられる気がするの

竹以外にもニンジンやリンゴ、ペレットなどいろいろなものを召し上がっていました。しかしお嬢様はとてもグルメなので、大好きなくだものも、ちょっとでも酸っぱかったりすると残しちゃうんだそうです。

どんな日だって、
あなたの大事な一日なのよ

同じような毎日でも変化があるように、
飼育員さんはエンリッチメントを工夫されていました。

やっぱりここがアタシの居場所ね

相棒のタイヤに器用に座るお嬢様。

竹を食べるときは、どこかにもたれるスタイルがマストでしたね。

動き出すのには気合がいるけど、
きっとあなたのためになるわ

変わらないものなんて
ないのよ

朝型になったり、夜型になったり。
ハズバンダリートレーニングも、
毎日同じメニューではありません。
その時々で変化のある日常でした。

お願いしたくなっちゃう
　　ような星空ね

いつでも見てるわよ

誰……?
トトロって言ったの

チャームポイントは
人それぞれなのよ

たまには心から
リラックスしなきゃ！

大胆に床でゴロン！
気持ちの良い場所をよくご存じでしたね。

考えてもしかたないことってあるの。
心の平和のために早く忘れなさいな

しあわせってね、
自分で作るものなのよ

"誰かのため"もいいけど、
"自分のため"も忘れないで

やさしさって
あなたの才能だと
思うのよ

ある程度余裕がないと
人にやさしくできないわよ

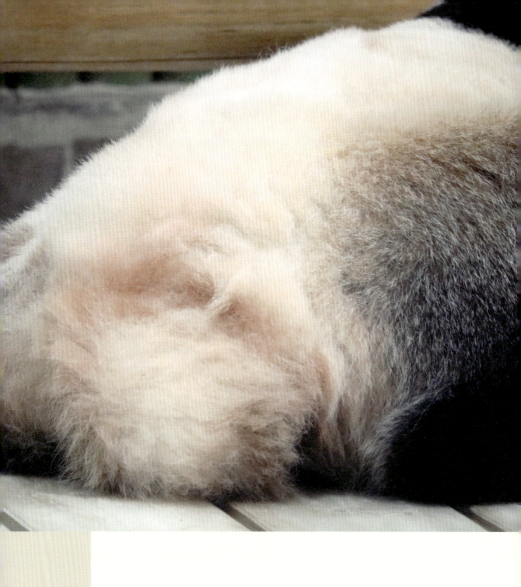

モフモフに癒やされなさいね

イヤなことはイヤって言うわ！ 「ガウッ！」よ

気に入らないときは「ガウッ！」と威嚇。
穏やかそうに見えても野性の心を忘れていません。

上手にできるとうれしくなっちゃうわね

後ろ足を上げ下げしながらの
"エクササイズ"姿には、お客さんも大喜び。
股関節のやわらかいジャイアントパンダならではの動きでした。

雨は嫌いよ。
でも雨音はわるくないわ

雨が降るとさっと室内へ。
自分からぬれるのは良くても、
ぬらされるのはお嫌いでしたね。

じっくり考える時間も
持ちましょうね

時には、
やる気が出ない自分も
許してあげるの

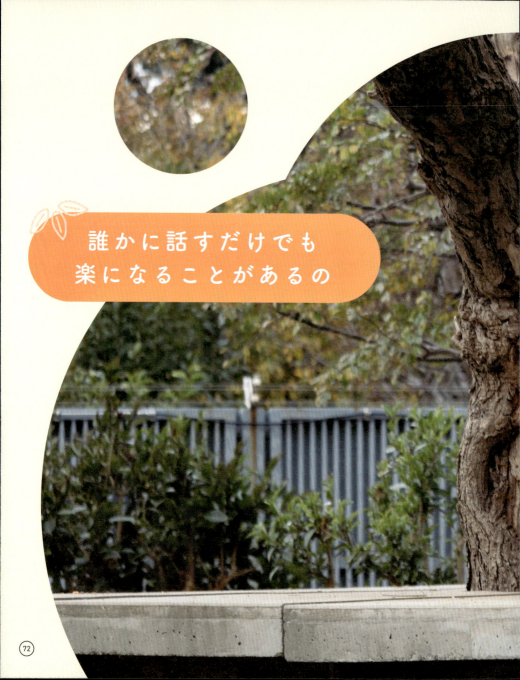

明日はきっと
いい日ね

もうないと思っていたら、
まだあったときの
うれしさ！

自分の勘を大事にしてね

晴れた日はお庭をぐるっとパトロール。ニオイを嗅いで、変わったことがないか確認するのがルーティンでした。

ひとりの時間もいいものよ

たまに「ひとりでかわいそう」なんて声も聞こえてきましたが、
本来ジャイアントパンダは単独で暮らすもの。
おひとりの時間をエンジョイされていましたよね。

ぼんやりする時間って、
心の栄養よ

な〜んにもしない日があったって、
いいじゃない

たまにはゆっくり空を見上げるの

ちょっとのやる気と勇気、大事ね

笑うって一番の健康法なのよ

表情が豊かと言われていたお嬢様。
よく笑っているような表情をされていましたね。
たまに、目が笑っていないときもありましたが……。

思い出もいまも、
どちらも大切なアタシの一部なのよ

来園してからいろいろなことがありましたね。
神戸での生活はいかがでしたか、お嬢様。

さよならなんて、言いたくないわ

別れ際に使う中国語の「再見※」には、
「また会いましょう」という意味もあるんですって。
（※ザイジエン／さよなら）

アタシはいつだって、ここにいるわよ

旦旦、我想你※……。
いまでも、
晴れた日にお庭を散歩する姿が
まぶたに浮かびます。
(※ウォー シャン ニィ／あなたに会いたい)

パンダ Q&A

Q1. パンダにも種類がある？

どの個体も似たように見えるジャイアントパンダですが、実は種類があって、四川パンダと陝西秦嶺パンダの2つの亜種に分かれています。四川パンダは、陝西秦嶺パンダから分化したもので、頭がやや大きく、顔が長くて熊に似ています。陝西秦嶺パンダは頭が丸くて口が短く、猫に似た顔つきをしています。日本の動物園で見られるのは、四川パンダの方です。

Q2. 白黒じゃないパンダもいる？

黒い部分が茶色いパンダもいます。中国北西部・陝西省にある秦嶺四宝科学公園で飼育されている七仔（チーザイ）です。チーザイは、かなりのグルメで運動が嫌い。竹を食べるときも寝転がって食べるのだとか。

2009年11月に生後約2ヵ月の状態で、陝西省仏坪県にて保護され、現在は飼育下で唯一の茶色いパンダです。茶色パンダはこれまで、実物または写真で7例しか確認されておらず、非常に珍しいことから「宝の中の宝」と呼ばれています。

Q3. パンダの赤ちゃんのサイズは？

ジャイアントパンダの赤ちゃんはとても小さく、通常100gから200gくらいの重さで生まれます。お母さんの体重がだいたい100kgくらいなので、赤ちゃんは約1000分の1の大きさしかありません。そのため、押しつぶされないように、小さな体からは想像できないような大きな声で鳴きます。

通常よりも小さく生まれた個体としては、和歌山のアドベンチャーワールドで2018年に75gで生まれた彩浜（サイヒン）や、中国では2006年に51gという超未熟児で生まれ、映画にもなった五一（ウーイー）、同じく中国で2019年に42.8gで生まれた、成浪（チャンラン）などがいます。いずれも飼育員さんや獣医師さんの懸命なケアのおかげで、元気に大きくなっています。

Q4. パンダの先祖は肉食だった？

竹やササばかり食べている印象のジャイアントパンダですが、もともとは大型のクマ科の動物で、その先祖は雑食でした。天敵やエサの競争を避けて、中国山岳地帯の奥地に生息し、冬でも枯れない竹を主食として選びました。腸管が短いことから、さらに祖先をさかのぼると肉食だったと考えられています。

ジャイアントパンダの腸管は、肉食のライオンとほぼ同じ、体長の約4倍の長さです。草食獣は、草の中の少ない養分を時間をかけて吸収するため、肉食獣より腸管が長くなり、ウシの場合は体長の20倍以上にもなります。そのため、腸管が短いジャイアントパンダはもともと肉食だったと考えられているのです。

Q5. パンダのうんこはいいニオイ？

うんこがいいニオイとは信じがたいかもしれませんが、ジャイアントパンダのうんこは、竹の葉がそのまま固まったような形で、雨上がりの草のようなさわやかなニオイがします。祖先が雑食なので腸管が短く、食べた竹のおよそ20％しか消化できないため、未消化の繊維質部分がそのままうんことなって出てきます。そのため、ジャイアントパンダのうんこは臭くなく、草のような香りがするのです。

うんこの色は、葉っぱを多く食べているときは緑色に、稈（かん）と呼ばれる茎にあたる部分を多く食べているときは、白っぽくなります。また、タケノコを食べているときは、少し酸っぱいようなニオイになることもあります。

筆者も、取材で数時間前のものだというタンタンのうんこを間近で見たことがありますが、しっとりと水分を含み、雨上がりの竹林のようなさわやかな香りがしました。

パンダ Q&A

06 1日にどのくらい竹を食べるの？

　成獣で1頭あたり1日約20～30kgの竹を食べます。食べない部分もあるため、飼育下ではだいたいその倍くらいの量を用意することが多いようです。パンダを飼育する動物園には竹を保管する竹庫があり、中の温度は10度前後に保たれています。
　竹庫から出した竹はしっかりと洗って与えます。これには、運搬中などに竹に付いたニオイを消す効果もあります。ジャイアントパンダは鼻がいいため、イヤなニオイが付いていると食べないのです。あとは竹に水を付けることで、水分補給ができるという利点もあります。

07 竹の他にどんなものを食べるの？

　飼育下では竹の他に、副食（おやつ）として、ニンジンやリンゴなども与えています。中国のパンダ基地で飼育されているジャイアントパンダたちはスイカも大好物だそうですが、日本では与えていません。グルメなタンタンは、柿や梨、ブドウなど旬のくだものが大好き。このほかに生のサトウキビも好んで食べていました。
　野生ではこの他に、別の植物や魚、昆虫、小動物の死肉を食べることもあるそうです。動物園でも竹に飽きたのか、たまに運動場の雑草を食べる姿が見られ、ファンからは「サラダバー」と呼ばれています。

08 寿命はどのくらいなの？

　飼育下では、最長30年以上生きることがあるとわかっています。中国の重慶動物園で飼育されていた「新星（シンシン）」は、世界最高齢の38歳4ヵ月まで生きました。彼女は2024年まで上野動物園にいた、力力（リーリー）の祖母にあたります。野生での寿命は20歳以下くらい。28歳で亡くなったタンタンは、かなりの長寿と言えます。

Q9. 昼間よく寝ているけど夜行性なの？

　動物園に会いに行ったら昼間ずっと寝ていてがっかり……そんな言葉を聞くことがありますが、ジャイアントパンダは夜行性でも昼行性でもありません。1日10～16時間と睡眠時間がとても長く、食べているとき以外はほとんど寝て過ごします。これは、決して怠けているのではなく本来の生態です。主食である竹は栄養価が低く、しかも十分に消化できないため、食べて・寝てを繰り返すことで体力を温存しているのです。
　もし寝ていても大声など出さず、そっとしておいてあげてくださいね。中には寝相が面白い個体もいるので、観察してみるのもいいかもしれません。

Q10. パンダに会いに行くならいつがいい？

　動物園へ会いに行くなら開園直後がオススメ。ちょうど朝のエサを与えている時間なので、起きているジャイアントパンダに会える確率が高いです。そして、季節は寒い時期が良いでしょう。もともと寒い所に住んでいるパンダは暑さが苦手。夏は空調が利いた室内にいることが多いので、寒い時期の方が外でのんびりと過ごす姿に出会えますよ。タンタンも気候が良い時期の晴れた日には、外の運動場へ出て過ごしていました。

おわりに

　「ずっと神戸にいてくれる」と思っていたタンタンの帰国が決まったのは2020年5月のこと。折しも、1月に園の公式ツイッターで、タンタンの様子を伝える「#きょうのタンタン」が始まったばかりでした。しかし、コロナ禍によってタンタンの帰国も延期に。そして、2021年1月には高齢となったタンタンに心臓疾患が発覚。神戸での闘病生活が始まったのです。

　そんな中、飼育員さんや獣医師さんをはじめ、外部の専門家などを含む「チームタンタン」が結成され、タンタンの闘病生活を支えました。通常のお世話に加えて、グルメなタンタンに苦い薬を飲ませたり、なんとか健診を受けてもらえるように工夫したり。飼育員さんたちは、"ちょっと気難しい"タンタンに、時にやさしく時に厳しく接しながら、献身的にお世話をしました。

　タンタンの体調を最優先に考え、何度かの観覧中止期間をはさみ、2022年3月から亡くなるまでは完全に観覧中止となりましたが、公式ツイッターやYouTubeで、がんばるタンタンの姿を見て、そのひたむきな姿に励まされた方も多かったと思います。

　タンタンについてもっと詳しく知りたくなったら、ぜひ「水曜日のお嬢様」をご覧くださいね（宣伝です）。

　　　　　2025年2月某日　二木繁美

参考文献／参考資料

神戸市立王子動物園（2025）.「パンダの部屋」.神戸市立王子動物園公式.
https://www.kobe-ojizoo.jp/animal/panda/,（参照 2025-02-13）

神戸新聞（2025）.「旦旦的廿年（タンタンの 20 年）（３３）」.神戸新聞 NEXT.
https://www.kobe-np.co.jp/rentoku/tantan20/202208/0015570026.shtml,（参照 2025-02-13）

日本動物園水族館協会（2025）.「飼育動物検索　ジャイアントパンダ」.動物園と水族館.
https://www.jaza.jp/animal/search?_keyword= パンダ &_method=true,（参照 2025-02-13）

日本経済新聞社（2025）.「パンダ外交」. NIKKEI COMPASS.https://www.nikkei.com/compass/theme/178340,（参照 2025-02-13）

株式会社日経ナショナル ジオグラフィック「「忘れられた孤独なパンダ」、メキシコの最後の生き残り　写真 14 点」.
ナショナルジオグラフィック .https://natgeo.nikkeibp.co.jp/atcl/photo/stories/23/033100010/,（参照 2025-02-13）

WWF ジャパン（2009）.「パンダの生態と、迫る危機について」.
https://www.wwf.or.jp/activities/basicinfo/3562.html,（参照 2025-02-13）

国立研究開発法人 科学技術振興機構（2020）.「オモシロ雑学、中国には 2 種類のパンダが存在か！？」. SciencePortal China.
https://spc.jst.go.jp/news/201203/topic_2_05.html,（参照 2025-02-13）

国立研究開発法人 科学技術振興機構（2024）.「茶色パンダ誕生の秘密を中国科学院の研究者らが解明」. SciencePortal China.
https://spc.jst.go.jp/news/240302/topic_2_05.html,（参照 2025-02-13）

中国国際放送局（2024）.「世界に 1 頭だけの茶色パンダ「チーザイ」笹の葉に強いこだわり」. CRI online 日本語 .
https://japanese.cri.cn/2024/01/12/ARTIPVevQ9hKv3rQQMIMryUM240112.shtml,（参照 2025-02-13）

人民日報社（2018）.「秦嶺の茶色いパンダ「七仔」の優雅な生活」.人民網日本版 .
http://j.people.com.cn/n3/2018/0913/c94638-9500069.html,（参照 2025-02-13）

中国駐大阪観光代表処（2023）.「【珍パンダ図鑑】」.公式 X.
https://x.com/cntoOSAKA/status/1691573480129749088,（参照 2025-02-13）

搜狐（2019）.「最小の国宝誕生、わずか 42.8 グラム、卵より軽い」.
https://www.sohu.com/a/320337869_120154815,（参照 2025-02-13）

東京動物園協会 .「パンダ大百科」. UENO-PANDA.JP.
https://www.ueno-panda.jp/dictionary/answer05.html,（参照 2025-02-13）

国立科学博物館（2008）.「ホットニュース」. 国立科学博物館 .
https://www.kahaku.go.jp/userguide/hotnews/theme.php?id=0001217208400883,（参照 2025-02-13）

京都市青少年科学センター .「腸の長さをくらべてみよう」. 京都市青少年科学センター .
https://www.edu.city.kyoto.jp/science/online/story/24/index.html,（参照 2025-02-13）

日本パンダ保護協会 .「パンダの基礎知識」. 日本パンダ保護協会 . https://www.pandachina.jp/panda/,（参照 2025-02-13）

株式会社クリエイティヴ・リンク（2020）.「世界最高齢のパンダ「新星」死ぬ シャンシャンの曽祖母」. AFPBB News.
https://www.afpbb.com/articles/-/3323029,（参照 2025-02-13）

国立国会図書館（2019）.「レファレンス協同データベース　レファレンス事例詳細　パンダの食性（食べ物）について知りたい」.
https://crd.ndl.go.jp/reference/entry/index.php?id=1000286666&page=ref_view,（参照 2025-02-13）

方盛国（2023）.『パンダはどうしてパンダになったのか？』.技術評論社 .科学絵本

二木繁美（にき・しげみ）

パンダライター。パンダがいない愛媛県出身。パンダのうんこを嗅ぎ、パンダ団子を食べた、変態と呼ばれるほどのパンダ好き。和歌山アドベンチャーワールドのパンダ「明浜（めいひん）」と「優浜（ゆうひん）」の名付け親。美術系の短大を卒業後、グラフィックデザイナーを経て、パンダライター・イラストレーターとして活動中。パン活（パンダの推し活）では日本全国を回り、一眼レフで一度に数百枚から千枚超えのパンダ写真を撮影。著書にマニアックな写真と観点でパンダの魅力を紹介する『このパンダ、だぁ〜れだ？』、『水曜日のお嬢様 タンタンのゆるゆるライフ』（講談社ビーシー／講談社）。

ブックデザイン	河野朱乃（株式会社 光雅）
校正	株式会社 鷗来堂
取材協力	神戸市立王子動物園

パンダのタンタン、また明日（あした）ね

2025 年 3 月 21 日　第 1 刷発行

著　者	二木繁美（にきしげみ）
発行者	出樋一親／篠木和久
編集発行	株式会社講談社ビーシー
	〒112-0013　東京都文京区音羽 1-18-10
	電話 03-3943-6559（書籍出版部）
発売発行	株式会社講談社
	〒112-8001　東京都文京区音羽 2-12-21
	電話 03-5395-5817（販売）
	電話 03-5395-3615（業務）

印刷所	TOPPAN クロレ株式会社
製本所	株式会社国宝社

ISBN978-4-06-539415-1
©SHIGEMI NIKI　2025　Printed in Japan
定価はカバーに表示してあります。

本書のコピー、スキャン、デジタル化等の無断複製は著作権法上での例外を除き禁じられています。本書を代行業者等の第三者に依頼してスキャンやデジタル化することはたとえ個人や家庭内の利用でも著作権法違反です。落丁本、乱丁本は購入書店名を明記のうえ、講談社業務宛（電話 03-5395-3615）にお送りください。送料小社負担にて、お取り替えいたします。なお、本の内容についてのお問い合わせは、講談社ビーシー書籍出版部までお願いいたします。